BIG IDEAS
超级脑洞
从人体到宇宙

〔美〕托马斯·卡纳万 著 　〔加〕卢克·赛甘－马吉 绘

唐靖 译

云南出版集团 晨光出版社

图书在版编目（CIP）数据

从人体到宇宙 /（美）托马斯·卡纳万著；（加）卢克·赛甘－马吉绘；唐靖译. — 昆明：晨光出版社，2023.5

（超级脑洞）

ISBN 978-7-5715-1581-2

Ⅰ.①从… Ⅱ.①托… ②卢… ③唐… Ⅲ.①宇宙－儿童读物 Ⅳ.① P159-49

中国版本图书馆 CIP 数据核字（2022）第 110687 号

著作权合同登记号 图字：23-2022-019 号

CHAOJI NAODONG
CONG RENTI DAO YUZHOU

BIG IDEAS
超级脑洞
从人体到宇宙

〔美〕托马斯·卡纳万 著
〔加〕卢克·赛甘－马吉 绘 唐靖 译

出 版 人 杨旭恒

项目策划 禹田文化
执行策划 孙淑婧 韩青宁
责任编辑 李 政
版权编辑 张静怡
项目编辑 石翔宇 张文燕
装帧设计 张 然

出 版 云南出版集团 晨光出版社
地 址 昆明市环城西路 609 号新闻出版大楼
邮 编 650034
发行电话 （010）88356856 88356858
印 刷 华睿林（天津）印刷有限公司
经 销 各地新华书店
版 次 2023 年 5 月第 1 版
印 次 2023 年 5 月第 1 次印刷
开 本 145mm×210mm 32 开
印 张 4
ISBN 978-7-5715-1581-2
字 数 90 千
定 价 25.00 元

退换声明：若有印刷质量问题，请及时和销售部门（010-88356856）联系退换。

☆ 目录 ☆

嘿，一起走进神奇世界吧！

你有没有好奇过，为什么星星在闪烁？为什么冰块能浮起来？为什么斑马有条纹？

如果你想知道上面这些问题的答案，或者解开其他困惑，你可以试试在这本书中寻找。这本书会用简洁的语言，帮你轻松弄懂这些问题，并发现这个世界的神奇和美妙。准备好了吗？让我们开始吧！

浩瀚的宇宙

太阳是由哪些物质组成的?

太阳是一个巨大的气态球体，其大约有 71.3% 的气体是氢，27% 的气体是氦。太阳内核的温度非常高，在这个核心区域，太阳通过氢核聚变，把氢转变为氦，并释放出大量能量。

太阳多大年纪啦?

太阳诞生于 46 亿年前，是由宇宙里的气体和尘埃组成的旋转的高密度气态球体。当气体球逐渐收缩变小时，其转速也变得越来越快。科学家们认为太阳还能继续发光约 50 亿年。这可真是个好消息!

什么是太阳耀斑和太阳黑子？

太阳表面会出现带有巨大气体喷流的旋涡，这些旋涡总是突然出现，然后又突然消失，它们被称为太阳耀斑。太阳耀斑其实是巨大的热气体喷发，喷射高度可达数十万甚至百万千米，这些热气体在太空中上升时会慢慢冷却，并使得太阳呈现较暗的区域，这些区域被称为太阳黑子。

太阳能在一秒内产生多少能量？

太阳为地球带来了光和热，如果没有太阳带来的温暖，我们生机勃勃的地球将不复存在。太阳在一秒钟内就能产生大约 3.9×10^{26} J 的能量，它在一秒内释放的能量，比人类在整个历史过程中消耗的能量都多。

土星环是怎么形成的？

土星环可不像呼啦圈那么结实，而是由许多漂浮在土星周围的冰颗粒和岩石颗粒组成的。土星的引力可以使较大的物体（如彗星，甚至卫星）靠近它，这些物体相互碰撞后变成碎片，又在土星的引力下汇聚在一起，最后形成了我们所看到的土星环。

太阳的背后会不会藏着另一颗"地球"？

几百年来，人们一直对这个问题充满好奇，并不断探索。可以肯定地说，答案是没有。因为宇宙中的所有天体之间都存在相互的引力。哪怕只是很微小的引力，科学家们都能监测到。如果在太阳的背后存在另一颗"地球"的话，那它肯定会对水星和金星产生引力，从而对它们的运行轨迹产生影响。然而，科学家们通过观察和研究，发现并不存在这种现象。

为什么冥王星被降级了？

随着人们对冥王星的了解越来越多，发现它的体积远比人们想象的要小得多，人们开始怀疑冥王星到底是不是行星。2006年，国际天文联合会立下了行星的新定义，一颗行星首先要是一颗天体，其次还必须满足三个条件：围绕恒星运转；有足够大的质量，并且要是球状；同时要清空所在轨道上的其他天体。冥王星的质量不够大，不符合第二个条件。且冥王星的轨道与海王星的轨道交叉，无法满足第三个条件。所以，国际天文联合会经过商议，决定将冥王星降级，从太阳系九大行星名单中除名。

太阳系哪颗行星的一天最长，哪颗行星的一天最短？

行星自转一周的时间就是一天。金星上的一天最长，相当于243个地球日，甚至比金星公转一年的时间还要长大约18个地球日。木星上的一天最短，大约只有9.8个小时。

在月球上扔球能扔多远？

月球引力约为地球引力的六分之一。这意味着用同样的力道，在月球上扔出物体的距离，大约是在地球上的 6 倍。月球上是真空环境，没有地球表面存在的空气阻力。所以，如果你在地球上能把球扔 30 米远，那么在月球上则至少能扔 180 米那么远。

月亮是什么味道的？

1972 年，阿波罗飞船登上了月球，据第 16 号宇航员查理·杜克描述，他们把一些月球尘埃带进了登月舱，无论闻起来，还是尝起来，月球尘埃的味道都很像火药味。

太阳系中的行星都有天然卫星吗？

除了离太阳最近的水星和金星没有天然卫星外，太阳系其他行星都有天然卫星。其中，火星有两颗天然卫星，木星和土星都有好几十颗天然卫星。在离太阳更远的行星附近，科学家们还在不断发现新的天然卫星。

月球是如何引起潮汐的？

虽然月球与地球相距甚远，但它们之间仍然存在巨大的引力，足以造成地球上海洋的潮涨和潮落。地球表面各点距离月球的远近不同，正对月球的地方受引力大，海水上涨，发生潮涨；背对月球的地方受引力小，海水下落，形成潮落。

从地球出发，行程最远的航天器是什么？

1977 年，美国发射了"旅行者 1 号"无人外太空探测器，用来探索太阳系其他行星。如今，"旅行者 1 号"离地球越来越远。据科学家们推测，"旅行者 1 号"在 2012 年飞离了太阳系，如今仍在太空中探险。

有多少人造太空垃圾绕地球飞行？

每当人类朝宇宙发射航天器时，运载航天器的火箭相继解体，变成碎片落回地球。而绕着地球轨道运行的宇宙飞船也会掉落一些碎片。如今，至少有好几千吨人造太空垃圾正绕着地球飞行。

火星表面是什么样的?

火星很美，但它的表面却一片荒芜，上面布满了陨石坑，仿佛一块生锈的巨大铁皮。火星表面这种特殊的颜色归功于其土壤中存在的氧化铁。火星的天空有时看起来是粉红色的，这是因为频繁发生的风暴会把地面上红色的尘土漫天卷起。

火星上有生命物质存在吗?

人们一直对火星心存幻想，甚至一度以为火星上也有生命物质存在。这不难理解，因为火星拥有和地球相似的岩石构造，且一天有 24 小时，还有极地、大气层，以及四季分明的气候。但是火星上并没有液态水，稀薄的大气层既不能阻挡过多的太阳辐射，也不能保持舒适的温度，所以，在火星上发现生命的概率非常渺茫。

为什么打开宇宙飞船的舱门是个傻主意？

因为宇宙飞船里有空气，但飞船外的宇宙中并没有空气，所以会产生从内部向外部的压力。一旦打开宇宙飞船的舱门，在压力的作用下，空气会从宇宙飞船流入宇宙中，宇航员也会随之被推入宇宙中，但那里可没有供人类呼吸的空气。

在月球上让锤子和羽毛同时下落，哪个先着地？

两者会同时着地。这在地球上是不可能的，因为地球上有空气。空气所产生的阻力能让羽毛和降落伞之类的东西缓慢着地，其他比较重的东西则会落得更快。但月球上是真空环境，不存在空气阻力。宇航员巴兹·奥尔德林在登月时带了一根羽毛和一把锤子进行实验，他把这两样东西同时丢了下去——结果，它们同时着地了！

如果小行星撞向地球，我们该怎么保护地球呢？

科学家认为，如果发生这种情况，可以用火箭载着威力巨大的武器去改变小行星运行轨道或炸毁小行星，且采用这种措施必须足够迅速、敏捷，并确保小行星距离地球足够远，因为炸毁小行星会造成无数块碎片，如果离地球太近的话，这些碎片仍会给地球带来危险。

如果在太空中洒水会发生什么？

如果是在宇宙飞船内部的话，洒出的水会悬浮在空中，因为在太空中不受重力影响，且宇宙飞船中的大气压力使水珠受压均衡，从而悬浮起来。但如果在宇宙飞船外面的话，因为没有大气压力，水会变成气体，然后彻底消散。

我们能听到来自遥远恒星的声音吗?

可以。当我们用肉眼或借助望远镜观看星星时,我们看到的光是一种辐射。但除了这种肉眼可见的辐射,恒星还能发射出多种辐射,比如无线电波。科学家们利用一种看起来十分巨大的卫星碟形天线来接收这些电波,然后将其转换成声音,这样我们就能听到了。

人类肉眼能看见多少颗星星?

天空中大约有 6000 多颗肉眼可见的恒星,其中北半球约3000 颗,南半球约 3000 颗。如果你想自己数一数,可以选择一个天气晴朗的夜晚,再寻找一个远离城市灯光的地方,因为任何明亮的灯光都可能会阻碍我们看清夜空中这些暗淡的物体——星星。

天文学和占星学是一回事吗?

不是。天文学是一门研究宇宙中所有天体的科学,天文学家们研究的对象包括行星、恒星等宇宙中的一切事物。而占星学则认为恒星和行星会对人类的行为产生影响。

什么是光年?

光年可不是时间单位,它是用来衡量宇宙天体之间超远距离的长度单位。光每秒传播的距离约为 30 万千米,一光年就是光在宇宙真空中沿直线传播一年的距离——大约为 9.5 万亿千米。

宇航员在太空中怎么上厕所？

虽然宇航员们在太空中使用的厕所看起来平平无奇，但实际上大有讲究。人们在地球上使用的厕所，其原理是利用地球重力使排泄物落入马桶中，再被水冲走。在宇宙中则不能用水冲，因为失重环境下水会漂浮起来，把一切都搞得乱糟糟的。所以，当宇航员在宇宙中上厕所时，马桶会利用空气来吸走排泄物，就像吸尘器一样。

最后一位在月球上行走的人是谁呢？

美国宇航员尤金·塞尔南曾两度飞往月球。为了执行最后一次登月任务，1972 年 12 月，他第二次飞往月球。塞尔南是最后一位在月球上留下足迹的人，他也是最后一位在月球上驾驶月球车的人，驾驶月球车是他在月球上执行的任务之一。

在太空中连续工作时间最长的人是谁?

1995 年 3 月 22 日,俄罗斯宇航员瓦莱里·波利亚科夫创造了一项世界纪录——在"和平"号空间站上连续工作了约 438 天,这是人类历史上宇宙飞行时间最长的纪录,是一项前所未有的壮举。"和平"号上的宇航员一批批轮换,但波利亚科夫却一直留在那里,为探索长时间失重对人体带来的影响做出了巨大的贡献。

宇航员在太空中会继续长高吗?

因为地球上有重力,当宇航员在地球上时,受重力影响,脊骨被压缩。但太空中没有重力,宇航员处于失重状态,脊骨会变直,使关节空隙增大。当宇航员结束飞行任务返回地球时,其身高会比离开地球前增加大约 5 厘米。

为什么找到北极星就能确定方向？

当我们仰望星空，会发现夜空中的星星似乎会发生移动，只有北极星是个例外。其实天上的星星距离我们非常遥远，肉眼很难察觉到它们的移动，但地球始终在自转，我们随着地球一起转动，由于相对运动，天上的星星看上去就像在移动。而地球自转的地轴，恰好指向北极星附近，所以北极星看起来几乎是不动的。

哪些宇航员能去国际空间站工作？

自从 1998 年以来，国际空间站就在绕着地球运行了。美国、俄罗斯、日本和加拿大等国家，以及欧盟在国际空间站上联合开展工作。这些国家和组织的空间局通过开会讨论，来决定需要对国际空间站进行哪些方面的维修或开展怎样的科学实验。他们筛选出优秀的宇航员，然后再进行综合比较，从中选出最优秀的宇航员去完成这些工作。

远古穴居人看到的星座和我们看到的一样吗？

穴居人看到的星座和我们今天看到的星座几乎完全一样。数百万年来，这些星座似乎没有变化。虽然组成这些星座的恒星在沿着不同的运行轨道各自运转，但对我们而言，恒星看上去似乎固定不动，因为它们离我们实在是太遥远了。

我们能看到其他行星的卫星吗？

如果使用大型望远镜，我们能看到地球附近其他行星的几十颗卫星。即使用双筒望远镜或小型望远镜，我们也能看到至少 4 颗属于其他行星的卫星。这 4 颗卫星都属于木星，它们是人类最先观察到的其他行星的卫星。最初是在 1610 年，著名的意大利科学家伽利略·伽利雷用自制的望远镜发现了它们。

大爆炸到底是怎么回事？

大多数天文学家都认为，我们的宇宙起源于距今约 140 亿年前一次突然的大爆炸，其持续时间不到一秒钟。大爆炸创造了我们所知道的一切事物——物质、能量，甚至时间本身。在那之后，宇宙慢慢冷却，逐渐形成了恒星和行星。

除了太阳，离地球最近的恒星有多远？

除了太阳，离地球最近的恒星是比邻星，与地球相距约 4.3 光年。这听上去似乎并不远，但若换算成千米的话，则相当于 40 万亿千米。

恒星为什么会发光?

恒星是充斥着炽热气体的巨大球体，它的内核就像一个核实验室，温度极高。高温使恒星中的气体以独特的方式进行反应，并产生巨大的能量，然后，这些能量以光的形式释放到宇宙空间，这就是恒星发光的原因。

太阳系中哪颗行星的昼夜温差最大?

水星距离太阳最近，也是太阳系中体积最小的行星。水星没有保护它的大气层，白天的温度可高达427℃，夜晚的温度可低至-173℃，是太阳系所有行星中，昼夜温差最大的。

为什么提到外星人，大家就会想到"小绿人"？

这要追溯到 60 年前。当时报纸上开始报道人们看到外星人乘坐"飞碟"降临地球的故事。有几个目击者声称看到"飞碟"上满是"小绿人"。因为这个说法古怪有趣，所以经久不衰，流传至今。

科学家从火星陨石上发现生命迹象了吗？

1984 年，科学家们发现了一块不寻常的陨石。这块陨石在火星上被炸飞，然后飞离火星，经过漫长的旅程最后落到了地球上。在这块陨石的内部有一些小孔，人们怀疑是某种生物留下的。一些科学家对此抱有希望，但也有一些科学家认为光凭这些洞和目前的分析研究，并不能证明火星上存在生命。

"先驱者10号"宇宙飞船上，携带了哪些给外星人的信息？

1972年，美国发射了"先驱者10号"宇宙飞船。这艘飞船的外部携带着特殊的镀金铝板，上面刻有太阳系和人类的画像，以及这艘宇宙飞船在太空中的航行路线等。人们希望，宇宙深处可能存在的智慧生物能发现这些信息。

人们在其他星球上发现过生命吗？

目前还没有，但人们仍在继续努力。在太阳系中，除了地球，最有可能存在生命的星球就是火星，以及木星和土星的一些卫星。科学家们正在这些星球上努力寻找最原始的生命踪迹。与此同时，科学家们也在宇宙中四处探寻其他智慧生命存在的迹象。

小行星都叫什么名字？

在火星和木星之间有一条广阔的小行星带，它由成千上万颗小行星组成。在小行星带中，最大和最亮的小行星都分别有自己的名字。有些小行星以希腊或罗马神话中诸神的名字命名，比如谷神星。还有一些小行星以人名为名，比如帕沙可夫，是用来纪念科学家的。大多数小行星都以编号为名，比如 C2231。

什么是蓝月亮？

月球绕地球运行一周所花的时间约为 28 天（精确数字为 27.32 天），这就是从一个满月到下一个满月的周期。一年中，有 11 个月的天数都长于 28 天。这意味着每个月的满月日期会不断向前提。渐渐地，在某一个月里就会出现两次满月，人们将该月出现的第二次满月称为"蓝月亮"。这并不经常发生，所以英语里存在"Once in a Blue Moon"这种说法，人们用它来表达"千载难逢"的意思。

日食和月食是怎样形成的？

月球是地球的卫星，当月球运行至地球与太阳之间时，会发生日食现象；当地球位于太阳和月球之间时，则会发生月食现象。在地球上能精确地观测到日食现象，虽然月球比太阳小得多，但相比太阳，它离地球要近得多。因此，当月球位于地球和太阳之间时，它能遮住太阳形成日食现象。

GPS是如何工作的？

GPS是"全球卫星定位系统"的缩写。至少有24颗人造卫星在绕着地球运转，并不断向地球发送信息。安装在汽车里的全球定位系统不断地接收来自不同卫星的信息。电脑再利用这些信息确定你的确切位置，即你所处的"全球位置"。然后，电脑会将这个位置与你的目的地进行匹配，规划路线，指引你抵达目的地。

中国的北斗卫星导航系统是中国自行研制的全球导航系统。是继美国GPS系统和俄罗斯GLONASS系统后第三个运行成熟的卫星导航系统。可为服务区域内的用户提供全天候、高精度、大范围的实时定位服务。

彗星是由什么组成的？

彗星主要由冰和尘埃颗粒组成，有些书刊会把彗星描绘成是受到太阳风吹袭的巨大脏雪球。有的彗星只出现一次，消失了就再也不会回来，有的彗星则会定期拜访地球。彗星通常由彗发、彗核、彗尾三部分组成。当彗星靠近太阳时，它开始融化，于是，一条长达数百万千米的壮丽尾巴就出现了。

星星为什么在闪烁？

它们并不是真的在闪烁。如果从太空中观察星星，它们看上去并不会闪烁，就像是恒定不变的光点。但我们身处地球，需要透过大气层观察星空。恒星发出的光到达地球前，必须穿过常常处于运动状态的冷暖大气层，从而使光线发生折射，所以我们看到的恒星忽隐忽现，忽明忽暗，就像是在不停地闪烁。

为什么大部分陆地位于地球的北半球？

这只不过是巧合罢了。不管你信不信，地球上的大部分陆地正在缓缓移动。大约在 3 亿年前，地球上有一块巨大的陆地名叫盘古大陆，主要位于南半球。如果再过 2 亿年，随着陆地板块的运动，陆地的状况可能又会和今天大不一样了。

为什么夏天会更热？

因为在夏天时，北半球朝向太阳，得到的太阳辐射更多，因此变得更热。而这时，南半球则处于冬天。6 个月后，随着地球的自转和公转，南半球离太阳更近时，南半球得到的太阳辐射变多，温度上升，北半球的温度则会变低。

地球表面有多少地方被冰覆盖？

地球表面被冰覆盖的地方不足10%，大部分都位于格陵兰岛和南极洲的冰川和冰帽中。地球上有很多山脉也常年被冰雪覆盖。

企鹅都是大长腿？

企鹅的腿虽然看起来很短，但它们的腿以弯曲的状态藏在身体脂肪的内部，我们平时能看到的只是脚踝以下的部分。而且由于膝盖始终保持弯曲状态，无法伸直，它们的腿看上去才会比实际上短很多。

天上真的会下青蛙雨吗？

会，但这种现象并不常见。夏季的雷雨天有时会伴有龙卷风，龙卷风会将沿途的很多东西裹挟其中，比如江河湖海中的青蛙和鱼虾等生物，等风力减弱后，这些生物就会像雨点一样落下来。

风真的能让吸管刺穿电线杆吗？

可以的，只要风力足够强劲。龙卷风的风速可达500千米每小时，即便是毫无杀伤力的吸管，也可能会变成足以刺穿电线杆的利器。如果吸管的一端被异物堵塞，当吸管中的空气被暴虐的龙卷风不断挤压，吸管就会变得非常坚硬结实，就像充足了气的自行车车轮一样。

为什么说"晚上天色红，水手乐呵呵"？

因为积雨云通常自西向东移动。当太阳落山时，光线照在积雨云上，看起来是红色的。"晚上天色红"意味着积雨云已经飘到了东边，这意味着第二天不太可能出现糟糕的暴风雨天气。

每次打雷都伴随着闪电吗？

闪电引发雷声，因为闪电使空气因迅速升温而膨胀，紧接着又迅速冷却和收缩。这种骤胀骤缩会推动闪电周围的空气形成雷声。

为什么南半球的人不会掉下去？

南半球的人并没有倒立，只不过大多数地图都按惯例把南半球绘在了下方。如果我们把地图倒过来绘制，也同样准确。事实上，正是地心引力把所有东西都往地心"拉"，才让我们都能待在地球表面。

为什么我们感受不到地球在旋转？

地球每隔 24 小时转一圈，这意味着它在以约 1674 千米每小时的速度自转。然而，我们感受不到这种旋转，因为我们也在以相同的速度跟着地球一块转动。这和坐飞机的原理类似，当我们坐在飞机里飞行时，并不会觉得自己在飞快地移动。

地球自转的速度在变慢吗？

没错。地球自转一周（即一天）的精确时长为 23 小时 56 分钟。然而，地球自转的速度正在按每 10 年接近 1 秒的速度递减。所以在 2400 年后，一天的时长就恰好是 24 小时。

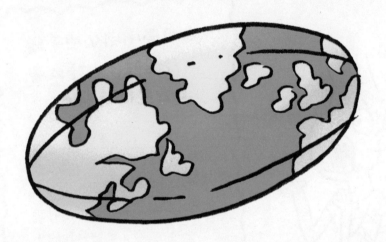

地球是标准的球体吗？

地球不停地自转产生了惯性离心力，使得地球由两极向赤道逐渐膨胀，形成目前赤道略鼓，两极稍扁的旋转椭球体，即赤道部分比两极部分凸出。两极之间的距离要小于横穿赤道的距离，因此，地球并非标准的球体，而是扁球体。

回声是怎么回事？

回声只不过是声音的反射而已，正如镜子成像是光的反射一样。声音以波的形式传播，当声波碰到坚硬的物体表面时，就会被反弹回来。过了一会儿，我们就会再次听到声音，这就是回声。

当月亮刚刚从地平线上升起时，为什么看上去显得特别大？

科学家们普遍认为，这不过就是视错觉跟我们玩的小把戏罢了，但时至今日，科学家们仍无法确切解释造成这种现象的原因。为了证明月球的大小并未发生变化，当月球从地平线上升起时，你可以拿出一枚硬币放在眼前，调整硬币与眼睛之间的距离，使硬币恰好遮住月亮，并记录此时硬币与眼睛之间的距离。当月亮升到正当空时，保持刚才记录的距离观察月亮，你会发现月球的大小的确没有发生变化。

为什么沙漠中会出现海市蜃楼？

海市蜃楼是地球上物体反射的光经大气折射而形成的虚像。沙漠中的地面被太阳晒得酷热，贴近地面较低层的空气温度比上层的空气温度要高得多，由于不同的高度温度不同，从而形成了气温梯度，不同梯度的空气折射率不同，光线便会发生多次折射，就可能会出现海市蜃楼。

把贝壳放在耳朵上，能听到海浪的声音吗？

你听到的声音实际上是你周围的声音，即背景噪音。这些声音在贝壳内部因为震动而发出共振，听起来是"哗啦哗啦"的，跟海浪的声音很像，大脑就会误认为这是大海的声音。为什么会发生这样的误解呢？可能是因为你手上正好拿着贝壳。

动物能预测地震吗？

对某些动物来说，答案似乎是肯定的。地震前，青蛙和蟾蜍能感觉到栖身的池塘或湖泊里的水发生了轻微的化学变化。有人曾亲眼看到在地震来临前，蟾蜍成群结队地离开池塘。此外，科学家们已经注意到，在地震来临的前几天里，岩石中的某些元素也会发生一定的化学变化。

火山为什么会爆发？

地壳是地球固体圈层的最外层，由板块组成。板块下面有岩浆，这是一种由气体和熔化的岩石组成的黏稠物质。当两个板块相撞时，产生的冲力很可能会迫使岩浆以火山爆发的形式喷出地表。喷出地表的岩浆叫熔岩。

为什么南美洲和非洲的边缘看上去可以拼起来？

很久以前，所有大陆都曾经连在一起，共同组成一块巨大的陆地。然而，地壳一直处于运动状态中。数百万年前，地壳运动使这块巨大的陆地分裂开，逐渐形成了我们现在熟悉的大陆。某些大陆的边缘能拼合在一起，就是它们曾合为一体的证据。

熔岩流动速度会受到哪些因素的影响？

火山可以分为不同类型，不同类型的火山，熔岩流动的速度就不一样。这主要取决于火山的坡度有多陡；喷发熔岩类型及其黏度；熔岩流经的地形环境以及火山溢流速度等。熔岩流既能摧毁各种物质和建筑，有时还会引起严重的火灾和森林大火。

最早的陆地动物有哪些？

在志留纪时期，大多数动植物仍旧生活在水中，但对某些生物来说，陆地是一个充满吸引力的新世界，那里没有捕食者，到处都是栖息地。植物和蘑菇最先来到这片新世界，它们为最早登陆的节肢动物——蝎子、千足虫和蜘蛛等提供了食物和住所。

化石是什么？

化石是历史发展的见证者，它们被保存在沉积岩、煤、火山灰、冰等物质中。一个蛋、一个贝壳、一块骨头或者骨头的某些部分、一颗牙齿、一个洞穴、一个印记，甚至是植物的花粉、动物的粪便都能成为化石。有时候还会有完整的生物化石，比如保存完整的昆虫琥珀，还有被保存在冰层中的长毛猛犸象等。

什么是冰川？

科学家们经常把冰川描述为"冰河"。与普通河流一样，冰川也在以不同的速度流动。其移动速度主要取决于地形、空气温度、重力，及许多其他因素。我国著名的冰川有绒布冰川、海螺沟冰川、天山托木尔冰川、米堆冰川等。

恐龙灭绝真的是陨石造成的吗？

恐龙曾在地球上生活了大约 1.6 亿年。然而，大约在 6500 万年前，恐龙全部灭绝了。在很长一段时间内，恐龙灭绝的原因都是未解之谜。如今，最广为接受的一种说法认为，恐龙灭绝的原因源于一块来自太空的巨大陨石。在 6500 万年前，这块大陨石撞击地球引发了巨大的海啸，以及接连的火山喷发产生了大量的有毒气体，从而导致恐龙灭绝。

为什么海水是咸的，河水是淡的？

河流里的水主要来自降雨，雨水中不含盐分。但河流里还有很多山上的冰雪融化汇聚而来的水，这些水流经地表时，会带走土壤里少量的盐分。最终，河流汇入海洋，随着水分不断蒸发，盐分浓度渐渐变高，从而使海水变咸。

潮汐和海啸是同一回事吗？

不是的，虽然很多人会把它们混为一谈。这两者最直观的区别在于潮汐只有在涨潮时才会形成滔天巨浪，而海啸则是由水下地震或火山爆发引起的巨浪，通常由一系列连绵不绝的海浪组成。

雨季的降雨量会受到季风的影响吗？

每年同一时间，风向通常会有规律地发生改变。随着季风的改变，降水也会发生明显的季节变化，从而进入漫长的雨季，比如，每年五月下旬，印度盛行西南季风，降水增多，迎来雨季。雨季时某些地区在 12 小时内的降雨量可能会超过 65 毫米。

海浪是如何形成的？

海浪是发生在海洋中的一种波动现象，包括风浪、涌浪以及近岸浪，通常说的海浪就是指海洋中由风产生的波浪。广义上的海浪还包括海啸、风暴潮及海洋内波。

雨林全都位于气候炎热的地方吗?

世界上著名的雨林多位于热带地区，比如南美洲、非洲和亚洲等地的雨林。但在一些气候较冷、有充沛降雨的地方也分布着一些雨林，比如加拿大太平洋沿岸就分布着世界上最大的温带雨林。

哪里的天气最容易预测?

英国人总是在谈论天气，因为英国的天气变化无常。但并非世界上所有地方的天气都像英国那样变幻多端，全世界最容易预测天气的地方也许是智利的阿塔卡马沙漠，它被人们称为地球上的火星，近百年没有下过一滴雨。

什么是"蝴蝶效应"？

人们常用"蝴蝶效应"来形容初始条件十分微小的变化经过不断放大，对未来状态造成极其巨大的影响。这种现象背后的原理跟多米诺骨牌是类似的：当一块很小的牌倒下，由于一系列的连锁反应，能把最大号的牌也带倒。

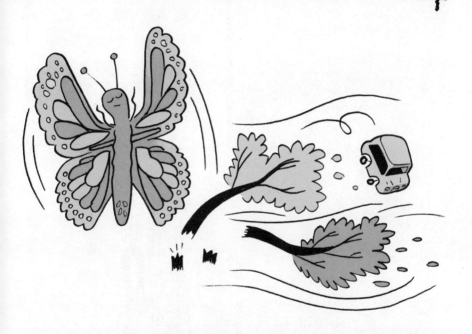

为什么夏天的雷暴天气比较多？

雷暴天气的形成需要两个条件——充足的水分和迅速升温的空气。夏季最容易出现雷暴天气，因为这个时候天气最热，使大量湿热空气猛烈上升，造成积雨云。

被污染的河流和湖泊能自净恢复吗?

答案是肯定的。首先,要确保有毒的化学物质、污水等不会继续流入湖里。其次,需要补充淡水资源,让湖泊里的水处于流动状态。另外,专家还通过向水里添加微生物的方式,让水中溶解的气体恢复平衡状态。

石油还能用多久?

人们并不清楚地球上的石油储量到底还有多少,也不确定未来石油的消耗速度究竟有多快。许多专家都认为,到 2060 年后,石油将所剩无几。人们必须在那之前找到石油的替代能源。

核爆炸能改变地球的自转吗？

核武器爆炸时释放的能量远超人类日常活动产生的各种热量，但也仅有地球自转产生热量的万亿分之一。科学家们认为，用核爆炸的方式去改变地球的自转，就像是试图用一只飞行的蚊子，去迫使一辆高速行驶的车改道一样，所以核爆炸并不能改变地球的自转。

只有热带水域里才有珊瑚礁吗？

大多数珊瑚礁都生活在热带浅海区域。然而，科学家们正在研究神秘的深层珊瑚礁，这种珊瑚礁能在寒冷的水域中生存。人类对海洋的污染和过度捕鱼给珊瑚礁造成了巨大的威胁，现在，很多人都在竭力保护它们。

地球的中心是什么？

在地球的中心，有一颗铁镍合金球，它就是地球的内地核，其温度高达 4000~6000℃，与太阳表面的温度相当。地球由外到里，依次可划分为地壳（最外层）、地幔（黏性熔化的岩石）和地核三部分，其中地核又可以划分为固态的内地核和熔融状态的外地核。

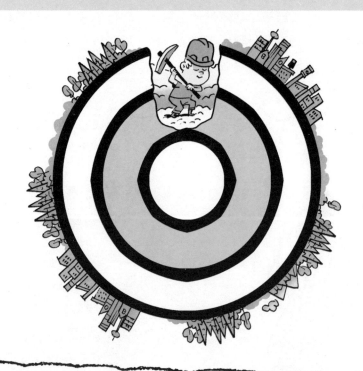

从极地"出发"的冰山，在融化之前能漂多远呢？

大多数冰山都漂浮在两极地区寒冷的水域里。但洋流会把冰山带往更温暖的水域，比如在加拿大大西洋沿岸，冰山就十分常见。一些来自北极、尚未融化的冰山，会一路向南漂到日本。

为什么远离太阳的那一半地球，在夜间不会温度骤降结冰呢？

这要归功于大气层的保温作用。由于整个地球被厚厚的大气层包裹，大气层就像是一个温暖的毯子，能防止地球热量的散失。而到了白天，大气层还能阻挡过多的太阳辐射，防止地球表面温度过高。

史上最大的爆炸是自然现象还是人为造成的？

1961 年，俄罗斯制造了史上威力最大的核武器爆炸。然而，6500 万年前，撞击地球并导致恐龙灭绝的那块大陨石引发的爆炸更猛烈（小行星撞击说是目前有关恐龙灭绝的众多假说中最受大家认可的一种），其威力可比前者大多了。

为什么云不会掉下来？

云是由数以百万计的小水滴和小冰粒组成的。这些小水滴、小冰粒非常小，它们受到的空气浮力大于受到的地球引力，所以它们能飘在空中。小水滴和小冰粒会不断碰撞、融合，变得越来越大。最后，当空气托不住它们时，便会以雪或雨的形式落下来。

为什么坐飞机时耳膜会鼓起来？

我们的耳朵里充满空气。正常情况下，耳朵内外的气压一致，但当我们坐在飞机里起飞时，周围的气压会降低，但此时耳朵里的气压并没有改变。为了保持耳朵内外气压一致，耳朵需要释放空气以降低气压，从而使耳膜鼓起来。

大气层分为哪几层?

大气层可以分为五层。最低层是对流层,受地球影响大,天气变化就发生在这一层。在对流层之上是平流层,晴朗无云,很少发生天气变化,适合飞机航行。然后是中间层,该层能为地球燃烧掉大部分陨石。再往上是热层,又被称为电离层。大气层最外面的那一层叫外层,也被称作散逸层,延伸至距离地球表面约10000千米的地方。

风是怎么形成的?

大气层的温度分布不均,有的地方温度高,有的地方温度低。冷空气气压高,暖空气气压低,气流从高压流向低压,从而形成了风。如果压强相差很大,就会形成强劲的风。

飞机会被闪电击中吗？

　　几乎每年都会发生飞机被闪电击中的事件。幸运的是，闪电通常不会对飞机或乘客造成伤害，它只会在飞机最初被击中的部位留下焦痕。当闪电击中飞机后，电流沿着飞机的外侧流动并最终消散在空气中。大多数雷击事件发生在飞机飞行高度低于 5 千米的地方。为了避开这个麻烦，飞机通常会飞得更高。

指南针是如何发挥作用的？

　　指南针是一种可以自由旋转的磁针，会被其他磁铁吸引。指南针之所以能发挥作用，是因为地球本身就像是一块巨大的磁铁，存在南北磁极。指南针上的红色指针总是指向北方。

神奇的动物

蜈蚣为什么有这么多腿呢？

为了捕捉猎物，蜈蚣需要跑得很快才行。它们的身体修长，由很多的步足（也就是腿）支撑着，这样才能快速移动。蜈蚣的身体由许多体节组成，每一个体节上均长着步足，这种构造跟火车有点像。

现存体形最大的动物是什么？

我们见过不少有关恐龙的图片，这种生活在数千万年前的生物大多体形庞大。现存体形最大的动物是蓝鲸，它们体长可达 33 米，重达 180 吨。作为地球上体形最大的动物，蓝鲸几乎没有什么天敌，主要以体形微小的磷虾为食，每天能吃掉好几吨呢。

现存的动物中牙齿最长的当属独角鲸。雄性独角鲸的牙齿可达3米，它的长牙主要用来吸引雌性，并与同性互相较量。

为什么现代动物不像史前动物那样大呢？

恐龙生活在遥远的史前时代，当时环境中的含氧量和温度高于现在，那时的爬行动物也比现在的爬行动物体形更大。恐龙灭绝后，留出了更多的生存空间，导致当时的哺乳动物迅速发展，体形也越来越大。但也许是人类毫无节制的过度猎杀，导致一些大型哺乳动物彻底灭绝。

飞鱼真的会飞吗?

神奇的飞鱼并不能像鸟那样飞翔。事实上,它们的"飞行方式"更像是悬挂式滑翔机。飞鱼通过滑翔来躲开天敌,它猛烈地摆动尾鳍,产生一股强大的冲力,从而使身体向箭一样破水而出。飞出水面时,飞鱼立刻张开又长又宽的胸鳍,它的胸鳍就像翅膀一样,能让飞鱼在空中滑翔约 400 米,看上去仿佛在飞翔一般。

为什么鲨鱼必须不停地游动?

大部分鱼之所以能浮在水中,是因为它们有鱼鳔。鱼鳔就像气球一样,通过鱼鳔的收缩,鱼可以控制身体在水中升降,也就是说,鱼鳔里充满空气时能浮起来,当排出空气时就沉下去。但鲨鱼没有鱼鳔,它们要用鱼鳍来控制身体在水中的升降,就像飞机的机翼一样。所以,它们必须不停地游动,否则就会沉入水底。

电鳗能电死人吗？

电鳗通过放电来捕获猎物或自卫，它们还能控制自己的放电时间和强度。世界上有很多种电鳗，其发电能力各不相同。有的电鳗释放的电压很可能会对人类造成伤害甚至致死。幸运的是，电鳗并不会主动"捕食"人类，每当有人类靠近时，它们通常会躲起来。

鱼会睡觉吗？

鱼也会睡觉的。只不过，鱼的睡觉方式跟我们很不一样，因为鱼没有眼睑，所以鱼在睡觉时无法闭上眼睛。有些鱼在睡觉时只是静静地漂在水中，有些鱼则会躲在岩石或植物的缝隙中睡觉。因为鲨鱼需要不停地游动，所以它们在睡觉时依旧会游动，只不过会游得非常慢。

蝙蝠真的看不见吗？

有些人认为蝙蝠完全看不见，因为它们经常横冲直撞、毫无章法地飞行。但是，这并非因为蝙蝠的眼睛无法视物，它们只不过是在追逐昆虫而已。蝙蝠会巧妙利用其他感官来捕猎，比如敏锐的听觉。

哪些动物的视力最佳？

那些在白天捕食的猛禽，通常拥有绝佳的视力，如雕、鹰和隼。它们在高空飞行时可以寻觅猎物。例如，鹰可以在1千米的空中，发现地面上的野兔。

在辽阔无边的海洋里，鲸如何与千里之外的同类交流？

　　相比在空气中，声音在水中的传播速度更快，传播的距离也更远。声音频率越低，传播距离就越远。蓝鲸与同伴交流时，会发出一种低频率的声音，这种声音可以传播数千千米远，有时甚至能穿越整片海洋。

为什么有些动物的眼睛不止两只？

　　大多数大型动物都只有两只眼睛。通常来说，越低级的生物，拥有的眼睛可能越多，比如昆虫和水母，这样一来，它们就能同时观察好几个方向。例如，跳蛛就有 8 只眼睛，头部前端有 4 只大眼睛，头部顶端有 4 只小眼睛，这使它们具有良好的全方位视觉。

蜜蜂真的能通过跳舞来交流吗？

蜜蜂生活在蜂巢里。有些蜜蜂是侦察蜂，它们负责寻找蜜源。等找到蜜源后，侦察蜂便飞回蜂巢，跳起"圆圈舞"或"八字舞"，指引伙伴们去相应的地点采蜜。

企鹅妈妈如何辨认自己的宝宝？

每到繁殖的季节，企鹅就会聚集在各自的营巢区。产卵后，企鹅妈妈会离开巢穴，去海中觅食。等它们觅食归来，企鹅宝宝早已孵化出来了，但要如何在那么多长相相似的企鹅宝宝中，辨认出自己的宝宝呢？答案在于声音！企鹅妈妈能从庞大的企鹅群中，辨认出企鹅宝宝和企鹅爸爸的独特声音。

狼为什么要嚎叫？

狼的嚎叫是一种群体行为，哪怕最开始只有一头狼在嚎叫，也可能会引发整个狼群的嚎叫。狼是群居动物，它们成群结队地生活和捕猎。嚎叫可以让狼群变得兴奋，它们可能是在为捕猎做准备，也可能是为了庆贺捕猎成功，甚至还可能是为了警告其他狼群不要靠近自己的领地。

人类能和海豚对话吗？

海豚经常用咔嗒声、哨音这类声音与同类进行交流。但对于人类而言，这些声音要么太高，要么太低，所以无法听见。但据说已经有科学家发明出一种机器，这种机器能发出类似的高音和低音，使人类和海豚交流成为可能。

为什么袋鼠有育儿袋呢？

袋鼠和人类一样，也是哺乳动物。由于刚出生的袋鼠非常小，其发育程度也不如大多数新生的哺乳动物，所以袋鼠小宝宝出生后，还需要在袋鼠妈妈的育儿袋里待上 6~8 个月，直到能在育儿袋外生存。这种具有育儿袋的动物就叫有袋动物。

为什么我们似乎从来没见过鸽子宝宝？

最简单的答案是因为鸽子太宠爱自己的宝宝了！大多数生活在城市里的鸽子都把鸽巢建在建筑物或桥梁的隐蔽地方，所以我们很少看到鸽子宝宝。但更重要的原因是鸽子宝宝要在巢中呆很长时间，鸽子爸爸和妈妈会一直觅食喂养它们。等鸽子宝宝离开巢穴能在天空飞翔时，它们已经长成大鸽子了！

狼和狗能一起孕育后代吗？

狗是狼的后代。虽然狗和狼看起来不太一样，但它们之间不存在生殖隔离，仍然能够一起孕育后代。狼和狗结婚后产下的幼崽叫狼狗，如果让狼狗和狼再次孕育后代，那么，产下的幼崽中有很大概率都是狼。

哺乳动物会产卵吗？

大多数哺乳动物都是胎生的。但生活在澳大利亚及其周边的鸭嘴兽、食蚁兽，都通过产卵的方式繁衍后代，人们仍将这些动物归为哺乳动物。因为它们有毛发，而且母体也会分泌乳汁来喂养幼崽。

蛇在吞食猎物时是怎么呼吸的？

蛇能吞下大型猎物。在吞食猎物过程中，如果猎物太大，阻碍空气进入气管，蛇就会窒息。但是，蛇的喉头很特殊，进化成了一种很长的管状。在吞食大型猎物时，蛇的嘴巴可以张得非常开，并把喉头伸到猎物前方或是直接伸出口外。所以，即便吞食大型猎物，蛇也能自由呼吸。

食人鲳真的能在短短几分钟内吃掉一头牛吗？

食人鲳生活在南美洲，它们的牙齿非常锋利。一群食人鲳在短短几分钟内，就能吃掉一头牛。通常情况下，食人鲳以蠕虫、昆虫和小鱼为食。它们一般不会主动围攻猎物，之所以成群结队是为了抵御危险。

有的动物在受到攻击时，真的会断尾求生吗？

当然！有些蜥蜴的尾巴上长着关节，如果遇到危险，它们会主动断掉尾巴。断掉的尾巴仍然可以跳动好几秒，足以迷惑捕食者，让蜥蜴顺利逃生。之后，蜥蜴还能再次长出一条新尾巴。

巧克力对狗来说是有毒物品吗？

没错，狗如果吃了太多巧克力，有可能会丧命。巧克力中含有可可碱，这种化学物质对许多动物甚至包括人类都有毒。不过，人体可以分解可可碱，让它变得无害，但狗不能，所以毒素会在它的体内积聚。黑巧克力中含有大量可可碱，所以，千万不要喂小狗吃巧克力。

鸟儿能在天空中睡觉吗？

对于雨燕来说，它们一生中的大部分时间都是在空中度过的，有的雨燕能在空中持续飞行十个月不落地。雨燕的双腿退化非常严重，无法长时间在地面站立，所以大部分的生命活动都在空中完成，包括睡觉。信天翁也掌握了在空中睡觉的技能，这种巨大的海鸟凭借气流在空中滑翔，并趁机小睡一会儿。

为什么鸟儿停在电线上却不会被电死？

因为鸟儿的两只脚都站在同一根电线上，并未形成闭合的回路，且相比鸟儿的身体，电线的导电性更强，所以电流仍在电线里流动，不会流经鸟儿的身体。不过，如果鸟儿同时踩在两根电线上，或者同时接触到其他物体，就会形成闭合的回路，有电流从身体中流过，导致触电而亡。

史上规模最大的鸟群活动是什么？

史上规模最大的鸟群出现在 1866 年，当时人们在加拿大南部发现了一大群旅鸽。整个旅鸽群宽约 1.6 千米，长约 483 千米。这个旅鸽群的数量多达 35 亿只。不幸的是，旅鸽在 1914 年灭绝了。

为什么大多数鸟屎是白色的？

实际上，我们所说的鸟屎是混合了尿液的混合物。鸟类为了飞行需减轻体重，并没有膀胱储存尿液，所以粪便会和尿液一起排出体外。而鸟屎呈白色是因为鸟类进食的蛋白质经过消化会转变成尿酸，而尿酸呈白色结晶，且难溶于水，所以鸟粪看起来是白色的。

吸血蝠真的会吸血吗?

　　吸血蝠是哺乳动物中特有的吸血种类,且都是群居动物。它们在天黑后开始觅食,常落于牛、马、鹿等动物身上吸食血液。它们先用锋利的牙齿浅咬一口,然后舔舐从伤口流出的血液。它们每次吸取的血液量并不多,与其把它们称作吸血蝠,还不如称为"蚊子蝠"呢!

独角兽真的存在过吗?

　　在很多传说故事中,独角兽是一种长相类似白马,头上长着一个又长又直的角的动物。真的存在独角兽这种神奇的生物吗?大概率是不存在的。其实,这很可能是古人从侧面看到长角羚羊,将其误认为是独角兽。

大象临死前真的会到大象公墓等待死亡吗？

在非洲大陆上流传着这样一个古老的传说：当大象意识到自己的生命快要终结时，就会主动离开象群前往大象公墓，等待死亡降临。如果有人能找到大象公墓，就能发现堆积成山的象骨和价值连城的象牙。但事实上，根本就不存在这样的地方。不过，这个传说背后倒也有几分道理，因为非洲大陆上的猛烈强风，有时能把许多象骨吹成一堆。

猫真的有九条命吗？

猫和其他动物一样，只有一次生命。不过，这个传说也有一定道理。因为从相同高度的地方跌落，别的动物很可能会受伤甚至丧命，但猫却几乎没什么大碍。这是因为猫拥有不可思议的平衡力和身体保护机制，就算从高楼上跳下来，也可能安然无恙。所以，人们常说猫有九条命。

骆驼的驼峰里贮藏着什么东西？

驼峰里主要贮藏着脂肪，并非水。对于骆驼来说，驼峰就像是"蓄电池"，当没有食物吃、没有水喝时，驼峰里的脂肪就能给它提供能量和水分。对于骆驼这样的沙漠动物来说，把脂肪专门储存在驼峰里，比遍布全身要好得多，因为这样能凉爽一些。

为什么考拉这么爱睡觉？

考拉的饮食习惯不太好，它们只吃桉树叶子。但这些树叶并不能给考拉提供太多能量，所以，为了减少能量的消耗，考拉大多数时间都在睡觉。并且考拉行动缓慢，下树时更容易受到攻击，平时团着睡觉也不容易被天敌发现，它们就更喜欢睡觉啦。

蝙蝠为什么在黑暗中也能找到路？

蝙蝠利用回声定位的能力在夜间四处飞行，捕食昆虫。首先，它们会以超声波的形式发出很多短促的尖叫，但这种声音的音频太高了，人类无法听到。然后，蝙蝠会利用灵敏的听觉，捕捉到回声，以辨别方位，从而弄清楚周围的状况和猎物的位置。

动物也会怕痒吗？

科学家们很早就知道有些动物的确很怕痒。如果给我们的近亲——大猩猩和猴子挠痒痒，它们也会像人类一样扭动身子，乐不可支。如今，科学家们发现，其他动物也会怕痒。曾经有位科学家开了个玩笑——让一位学生去给老鼠挠痒痒。他们惊讶地发现，老鼠竟然会扭着腿吱吱地叫，就像是在笑一样。

蜘蛛会被自己织的蛛网缠住吗？

一般不会，除非在极其倒霉的情况下。蜘蛛网的蛛丝并非全都是黏糊糊的。昆虫不清楚哪些蛛丝是黏的，哪些不是，所以会被蜘蛛网粘住。但蜘蛛非常清楚，所以当蜘蛛在自己织的蛛网上爬行时，它们会避开有黏性的蛛丝。

为什么飞蛾会被光吸引？

飞蛾在夜间飞行时，利用月亮来判别方向。由于月亮距离地球非常遥远，飞蛾只要保持同月亮的固定角度，就能使自己朝直线飞行。但明亮的灯光，比如电灯和蜡烛，看起来很像是月亮，会把飞蛾弄迷糊。出于本能，飞蛾想与光源保持固定的角度，这样一来，飞蛾飞行的路线就不是直线了，会变成绕着光源打转，飞行半径逐渐缩小，呈螺旋式靠近光源。

神秘的力量

爆米花为什么会爆开？

每颗玉米粒都有坚硬的外壳，里面的淀粉团也非常紧实，而且淀粉里通常含有水分。当玉米粒被充分加热时，淀粉里的水分就会沸腾，变成水蒸气，水蒸气受热迅速膨胀。一旦压力冲破外壳，只听"嘭"的一声，玉米粒里的淀粉会被冲开——就是那美味的白色蓬松部分。爆米花就是这么一回事。

酵母如何使面包变得蓬松柔软？

酵母是一种真菌，当它受热时会变得很活跃。面包师把酵母拌到生面团中，然后把面团放在暖和的地方。酵母会分解面团中的葡萄糖，并产生二氧化碳，使面团变得蓬松。

如何在糖果里写字？

在科技尚且不发达的过去，聪明的人们已经想出了在糖果中写字的办法。人们先将糖煮沸成白色的、黏稠的糖浆。然后取其中一部分并添加食品着色剂，待糖浆稍微冷却后，拉成又细又长的糖条。然后把白色糖条和彩色糖条按照一定规律裹在一起，就能拼凑成文字。

为什么饼干放久了会变潮，但面包放久了却会变干？

因为饼干中的水分比空气中的水分少，而面包中的水分却比空气中的水分多。物体内部的水分会从水分多的地方迁移至水分少的地方，所以饼干吸收水分，受潮变软；面包失去水分，就会变得又干又硬。

为什么下雨前会有一种特殊的气味?

这种气味源自一种叫作臭氧的气体。在高空的大气层中存在臭氧层，它们能保护地球免遭有害辐射。不过，在雷阵雨到来前，闪电会将离地面较近的氧气变成臭氧。臭氧随着雨云扩散，所以我们在下雨前会闻到这种特殊的气味。

为什么植物在某些土壤中长得更好?

跟动物一样，植物也需要摄入养分，才能生长并保持健康。矿物元素等物质就是植物所需要的养分。有些土壤比其他土壤更肥沃，更适合某些植物生长。

我们能像超人那样，徒手把煤块挤压成钻石吗？

在漫画或影视世界中，超人能完成这样的壮举，但在现实世界中是绝对不可能的。煤和钻石都是由碳元素组成的，但它们的形成过程大不一样。煤由植物演化而来，植物枯萎后，经过数百万年的时间，最终变成了煤。但天然钻石的形成时间更加久远，它们形成于高温高压的地球深处。所以，煤块不可能被挤压成钻石。

太阳能电池板是如何将光能转化为电能的？

光能和电能都是由被称为粒子的微小颗粒组成的。光能中的粒子叫作光子。电能则是由一种叫电子的粒子运动产生的。当太阳光中的光子击中太阳能板上的硅材料时，光子的能量传递给了硅原子，使电子发生跃迁，成为自由电子做运动，从而形成了电流。

什么是烟雾？

烟雾是没有得到充分燃烧的颗粒状物体。当物体被充分燃烧后，只会剩下水分和二氧化碳。但如果氧气不足或温度不够，物体就无法充分燃烧。所以，烟雾就是由悬浮在空气中的固体、液体和气体这三种状态的物体组成的混合物。

回收的废纸要如何处理呢？

大多数纸是用木浆做的。处理回收废纸的第一步，就是要给废纸加水，这样就能轻松地把纸张化为纸浆。然后，再用筛网筛掉纸浆里的墨水、胶水等其他残留物体。这样一来，就能将纸浆再次加工，用来重新造纸了。

真的能用香蕉来钉钉子吗？

能，不过前提是得把香蕉冻得硬邦邦的才行。科学家们曾经做了这样一个实验——他们把香蕉浸入温度极低的液氮中，然后拿出来，发现此时的香蕉被冻得硬邦邦的，完全可以用来钉钉子。如果你没有足够的液氮，也可以选择在一个寒冬的夜晚，把香蕉放在室外冻一晚上，让大自然把它冻得硬邦邦的。噢，别忘了，存放温度得在 -25℃ 左右才行！

为什么橡胶拉长后能自动恢复原状？

橡胶是由线性长分子链组成的。这些分子紧紧地排列在一起，就像一串缠在一起的圣诞彩灯。当你拉长橡胶时，实际上就是在拉那些分子链。只要一松手，它们就会弹回原状。

为什么巨型轮船能漂在水面上？

大型轮船的排水量很大。如果船的排水量小于其自身的重量，船就会下沉；反之，如果船的排水量大于其自身的重量，船就会浮起来。巨型轮船虽然很重，但它的排水量更大，受到的浮力也就更大，所以能漂在水面上。

所有木头都能浮在水面上吗？

绝大部分木头之所以能浮在水面上，是因为木头属于多孔性物质，内部较为疏松，密度比水小。但有些木头，比如乌木，其密度非常大，内部很紧实，几乎没有空气，这类树木就会沉入水中。

乘坐电梯时，电梯突然下坠该怎么办？

当电梯急剧下降时，被困者应迅速按下所有的楼层键，迫使电梯停止下降。因为被困者处于失重状态落地后容易引起身体损伤，甚至出现全身多处骨折，所以应将整个背部和头部紧贴电梯内壁，从而保护脊椎。并抓紧电梯扶手，膝盖弯曲，保持身体稳定。

降落伞是如何发挥作用的？

受地心引力的作用，跳伞者会被拉向地面，但跳伞者同时也受到向上的空气阻力的作用。降落伞又大又扁，能有效增加空气阻力。虽然降落伞也会受到向下的地心引力，但由于空气阻力更大，最终会使跳伞者以缓慢的速度降落。

为什么冰块会浮在水面上？

大多数物质在固态时密度更大，这意味着固态物质更容易沉入水中。但水是一种很特别的物质，它变成固态冰时比液态水时的密度要小，所以冰块会浮在水面上。

为什么有些昆虫能在水面行走？

要知道，水是极性分子，水分子紧紧地挨在一起，产生内聚力，使水的表面形成一层富有弹性的"薄膜"。支撑这层"薄膜"的力被称为表面张力。一些昆虫之所以能在水面上行走，是因为它们的体重很轻，不会压破这层靠表面张力撑起来的"薄膜"。

为什么即使没有太阳，挂在晾衣绳上的湿衣服也能变干？

因为湿衣服里的水会蒸发。液体中的分子在不停地运动，它们在碰撞中不断交换能量。有些分子最终能获得足够的能量，挣脱分子间的作用力，变成气体。这就是蒸发，也是湿衣服变干的原因。

为什么吹出来的肥皂泡是圆球形的？

即便我们使用的工具是方形的泡泡圈，但吹出来的肥皂泡最终仍会变成圆球形。是不是很奇怪？原因很简单。肥皂泡内部充满空气，在分子间的相互作用下，再加上液体的表面张力，使肥皂泡的表面积要趋于最小，而球体正是相同体积下表面积最小的形状，所以肥皂泡最终会形成圆球形。即便我们使用特殊的工具吹出了另类形状（比如香肠形）的肥皂泡，它还是会慢慢地变成圆球形。

魔术贴的工作原理是什么？

魔术贴非常简单，它由两面组成，其中一面是带钩的塑料刺毛，另一面是细小柔软的纤维面料。当魔术贴的两面粘在一起时，便会形成一股粘力，非常牢固。

不粘锅的原理是什么？

生活中处处有化学，不粘锅就是很好的例子。不粘锅的内部涂了一层特氟隆。这种物质的学名叫作聚四氟乙烯，特氟隆是其商品名。特氟隆具有卓越的化学稳定性、极低的摩擦系数，以及极好的不粘特性，不会轻易与其他物质发生反应。

为什么磁铁不能吸引所有物质呢？

其实，在任何物质内部都存在被称作电子的微小粒子。在原子内部，电子不停地自转并绕原子核旋转。电子的这两种运动都会产生磁性，但在大多数物质中，电子运动的方向各不相同、杂乱无章，磁效应互相抵消。因此，大多数物质在正常情况下，并不呈现磁性。而铁、钴等物质有所不同，它们内部的电子自旋可以在小范围内自发地排列起来，形成一个磁化区，所以表现磁性。

胶水是如何把东西粘在一起的？

不管是天然胶水还是化学合成的胶水，其"黏性"的原理是相似的，都是靠分子间的拉力来实现的。刚从瓶子中倒出来的胶水是液体，但最后会变为固体。为了能更好地发挥作用，胶水得渗透到需要粘起来的物体的缝隙中才行。等胶水中的水分消失，胶变为固体后，胶水中的高分子体就依靠互相间的拉力，将两个物体紧紧地结合在一起。

不锈钢为什么不易生锈？

钢是由铁和碳组成的混合物，钢非常硬，也会生锈，就跟铁一样。不过，如果在炼钢时加入适量的铬，就能产生不锈钢。铬使不锈钢闪闪发亮，并且能阻止氧气进入钢中。只要没有氧气，就能有效防止钢生锈了。

为什么反复弯曲金属衣架，就能把衣架折断？

这是因为存在"金属疲劳"。"金属疲劳"就是字面上的意思，很好理解。因为弯曲衣架，会使金属表面产生微小的裂纹。如果反复弯曲衣架，裂纹会变得越来越大，最终导致衣架断裂。

为什么给工具上油，能让工具更耐用？

工具的金属部分看上去很光滑，但实际上它们的边缘并不平整。当工具相互碰撞时，这些不平整的部位很容易磕磕碰碰，产生磨损。给工具上油，能有效减少碰撞和摩擦，让工具更好用、更耐用。

为什么刮胡刀会越用越钝呢？

你得非常近距离地观察刀片，才可能找到这个问题的答案。相比同等粗细的铜丝，人的毛发更难剪断。当我们用剃须刀刮胡子时，毛发会撞击刀片的边缘，形成微裂纹。刮胡子时大量的毛发会使刀片形成微裂纹，长此以往，刮胡刀就变得越来越钝了。

为什么纸张放久了会变黄？

大多数纸是用木材做的。木材中有一种叫作木质素的黑色物质，这种物质能提高木材的强度。随着时间的流逝，纸张中的木质素被氧化，生成了被称为发色团的分子区域。发色团会吸收某种波长的光线，到我们眼中就会被感知为黄色或棕色。

可以不用胶水就把两本书粘在一起吗？

当然可以，诀窍就在于摩擦力。首先将两本书摊开相对，然后慢慢地翻开两本书，使其逐页交叉叠在一起，重叠的部分大约为 5 厘米。接下来，试着把这两本书分开。很难分开吧？因为随着书页的不断重叠，这两本书之间的摩擦力也越来越大。

狂野的植物

西红柿究竟是水果还是蔬菜？

这个问题曾一度引起争议，一些科学家认为，从科学分类的角度来看，西红柿完全符合科学家对水果的定义——果肉完全由子房发育而来，里面还有种子。然而，一百多年前，一些商人将西红柿运到美国纽约港口，按照当时的规定，进口水果不需要缴纳关税，但进口蔬菜需要缴纳 10% 的关税。商人认为西红柿是水果，不愿缴纳高昂税额，将海关告上法庭。后来美国最高法院裁定，根据西红柿的烹饪方法和流行观点，将西红柿视为蔬菜。从此，西红柿就有了正式"身份证"。

我们能吃花吗？

当然能了！事实上，我们日常生活中经常吃的西蓝花和花椰菜就是植物的花，没准你刚吃过呢！很多诱人的花，比如紫罗兰和玫瑰，也可以食用或用来泡茶。但千万要记住，有些花有毒，我们绝不能想当然地认为所有的花都能吃。

花生是坚果吗？

很多人误以为花生是坚果，然而，从植物学的分类而言，花生其实是豆科植物的种子。豆科植物的果实具有坚硬的外壳，也就是豆荚，里面含有两颗或更多种子。比如，大家都很熟悉的豌豆就长在豆荚里，豌豆也属于豆科植物。杏仁和核桃才是真正意义上的坚果，它们是长在树上的单籽果实，也被坚硬的外壳包裹着。

为什么草是绿色的而不是蓝色的？

草利用阳光，通过光合作用，制造生存所必需的能量和养分。光合作用依赖于植物体内一种叫作叶绿素的化学物质，因为叶绿素是绿色的，所以草也呈现绿色。

我们能开着汽车从树中穿过吗?

在美国加利福尼亚州北部，有一片巨大的红木和红杉林，其中有几棵树被挖出大洞做成隧道，汽车能从树干中间开过去。其中最著名的一棵树高近百米，已经有 1000 多年的历史了。

世界上最大的水果是什么?

世界上最大的水果是菠萝蜜，它也是最重的水果。这种水果生长在印度和东南亚的热带雨林中，尝起来很像香蕉，但味道更酸一些。一般重达 5~20 千克，果实成熟时表皮呈现黄褐色，表面有瘤状凸体和粗毛。

哪种植物的种子最大？

世界上种子最大的植物要数海椰子，又被称作复椰子。这是一种原产于印度洋岛屿的棕榈树。海椰子的种子很奇特，被包在卵形的果肉里，呈坚果状，看起来像两个椰子，其重量可超过 17 千克。

玉米真能长到"大象的眼睛那么高"吗？

"大象的眼睛那么高"是句歌词，源自美国很有名的经典音乐剧《俄克拉荷马》中的歌曲《多么美丽的早晨》。这句话听上去似乎很奇怪，实际上，大象的眼睛一般距离地面约 3 米高，而大多数玉米在长到约 2.5 米高时，就被收割了。不过，如果有充足的雨水、阳光和肥料，玉米的高度甚至能长到 4 米。所以，从科学的角度来看，玉米完全可以长得比大象的眼睛还要高呢！

为什么有些树叶长得像针一样尖？

常绿树木的针叶其实就是树叶。与其他树叶一样，针叶中也含有叶绿素，在叶绿素的作用下，针叶通过光合作用制造养分。常绿树木大多生活在干燥、寒冷的地方。比起普通的树叶，针叶又细又硬，不仅能有效减少水分蒸发，还能更好地抵御严寒的侵袭。

植物的刺有什么用处呢？

面对饥肠辘辘正在觅食的动物们，长着美味叶子和花朵的植物难逃厄运。这就是为什么诸如玫瑰和仙人掌这样的植物，要用浑身尖刺来保护自己。即便动物们很想吃到那些美味的玫瑰花蕾，但看到那锐利的刺，长着柔嫩鼻子的动物也不得不"三思而后行"。

长在地下的树根有什么用呢？

　　树木的根及根系通常生长在地下，树干支撑在地面，主要靠根系吸附土壤的力度来维持。树根对土壤的吸附力必须能承受树冠的压力和树冠所能承受的风力，否则树就很容易被强风吹倒。此外，树根的根系在地下的延伸范围也很广，有些树根覆盖的面积甚至是树冠覆盖面积的 3 倍。

为什么树会有树皮呢？

　　实际上，乔木和灌木都有两层树皮。里面那层树皮由被称作木质部的管状细胞组成，这些细胞将水和矿物质从根部向上输送。外面那层树皮则由死细胞组成。这些死细胞已经硬化，既能保护树木免遭昆虫啃食，也能防止水分蒸发。

墨西哥跳豆真的会跳吗？

没错，墨西哥跳豆的确会"跳"。不过，墨西哥跳豆之所以会跳可不是因为这种植物自身的天赋，而是因为里面寄居着跳豆飞蛾的幼虫。这种幼虫寄居在豆子里，是为了躲避沙漠火辣辣的阳光，从而顺利长为成虫。但如果它们觉得豆子里面也太热的话，这种虫子就会不断地跳呀跳，试图躲到阴凉的地方去，从而使豆子看起来像是在四处跳动。

为什么荨麻会扎人？

荨麻扎人的原因和其他带刺的植物一样，都是为了自我保护。因为浑身长着带刺的叶子，所以荨麻花朵不易被动物吃掉。然而，昆虫仍然可以停在花朵上，为荨麻传授花粉，繁衍后代。

什么水果最臭？

大部分人认为是榴莲。它长在东南亚地区，看上去就像是大个头、浑身带刺的菠萝。不过，真正让榴莲名声大噪的是它独特的味道。有人把榴莲的味道形容为烂洋葱和臭袜子混在一起的感觉！可是，有一些人却非常喜欢榴莲，把它誉为"水果之王"。

为什么有些仙人掌一年只开一天花？

为了繁衍后代，仙人掌需要吸引昆虫停在它的花朵上，帮它传授花粉。不过，在沙漠那样炎热的环境下，如果开出玫瑰或郁金香那般娇嫩的花朵，很快就会因高温缺水而枯萎。为了解决这个问题，仙人掌的花朵上有一层蜡质保护层。不过，要开出这样的花，需要耗费大量养分，所以，这种仙人掌的花一年只开一天！

最早被人类驯化的植物是什么？

科学家们正在研究农耕文明的起源。水稻是起源于中国南方的栽培作物，最近，人们关于水稻取得了一项考古新发现，研究表明人类早在10000多年前就开始种植水稻了。人们还在以色列发现了距今11300年前的无花果化石和人类遗骸化石，这些都很有价值，因为无花果需要人类种植，无法野生。

为什么盆景树长得那么小？

盆景艺术起源于中国。盆景是指在盆内表现自然景观，让栽种在盆中的树木看上去像是真实树木的微缩景观。人们不断地给盆景中的植物修剪枝条，让它沿着特定的方向和大小生长。大多数盆景树的高度仅为50厘米。

为什么胡萝卜是橙色的？

直到 17 世纪末期，胡萝卜还是五颜六色的呢！有紫色、白色、红色、黄色等。据说，今天的胡萝卜之所以是橙色的，跟荷兰人有关。荷兰农民最早在 1721 年选育出了橙色胡萝卜。当时，荷兰人正在绞尽脑汁、想方设法来纪念他们的奥兰治亲王——威廉一世（其英文名为 William of Orange，故被称作"橙色亲王"），橙色从此成了荷兰人推崇的皇家颜色。人们通过杂交的方式，培育出了很多胡萝卜品种，直到发现了满意的橙色品种为止。

什么是转基因作物？

一些科学家正在努力尝试改变作物的基因，从而提高作物的产量、增强作物的抗虫性。基因发生了人为改变的作物就叫转基因作物。不过，关于转基因作物是否会对环境产生影响，如今仍存在着较大的争议。

植物能在南极和北极生存吗？

南极和北极地区常年寒冷，植物稀少。但在靠近北极的北极圈和靠近南极的南极圈内，我们也能发现一些植物。生活在南极的植物多属于低等植物，以苔藓和生命力旺盛的地衣为主。而生活在北极的植物，鲜少是高大的树木，多为一些生长期很短的矮生植物，相对南极，北极的生态圈更为活跃。

仙人掌有叶子吗？

仙人掌身上的刺就是它的叶子。如果仙人掌的叶子长成橡树或山毛榉的叶子那样，就无法忍耐沙漠酷热的天气。这些尖刺还能保护仙人掌不被食草动物吃掉。

为什么珠穆朗玛峰这样的高山上没有树呢？

随着海拔的升高，温度会越来越低。海拔最高的珠穆朗玛峰的山顶温度在 -40℃左右。但即使是在海拔较低的山上，强劲的风也会吹走泥土，只剩下光秃秃的岩石，不利于树木生长。

其他星球上也有植物吗？

迄今为止，科学家还没有在其他星球上发现有任何生命存在的证据。其他星球要么太冷，要么太热。美国国家航空航天局（NASA）的科学家曾经发射了一个名叫"好奇号"的火星探测车去火星探索。"好奇号"在火星上找到的证据表明，火星上可能存在有机盐或含碳盐，这表明这颗星球可能曾适于居住，但火星上是否曾存在过植物，仍有待探寻。

吃菠菜真的能变强壮吗？

有不少人都坚定地认为，吃菠菜能变得更强壮，因为菠菜含有大量铁元素（据说这种元素能让肌肉变强）。但事实上，与其他大多数绿色蔬菜相比，菠菜中的铁元素含量并没有更多。当然，吃菠菜仍旧好处多多，菠菜富含维生素，有利于心脏、骨骼和眼睛的健康。

变绿的土豆真的有毒吗？

变绿的土豆中含有一种叫作茄碱的有毒物质，食用它会让人感到恶心，并引起严重的头痛。当土豆暴露在阳光下，而且温度适宜时，就会产生茄碱。与此同时，也会形成绿色的叶绿素。所以，一旦土豆变绿，就意味着土豆中已经产生了茄碱，不能再食用了。

如果吞下了种子，肚子里会长出植物吗？

这真是一个有趣的问题，想想植物生长需要哪些条件呢？水、二氧化碳、阳光和土壤提供的养分。而我们的胃里只能提供水，而且还是混合着胃酸的水。所以，植物的种子根本无法在我们的胃里发芽、生长。

巧克力是由什么制成的呢？

巧克力是用可可豆制成的。人们先把可可豆放在罐子里发酵，减少可可豆的苦味。然后，再对可可豆进行烘烤，去掉其外壳，并把剩下的果实磨成粉末。最后，巧克力制造商将糖、香草和牛奶加入可可豆粉末中，做成巧克力浆，不停地搅拌、捣碎，并反复加热。美味的巧克力就是这样制作出来的。

我们可以坐在睡莲的叶子上吗?

睡莲的叶子通常不能坐,不过,有些热带睡莲非常大,就算让一个小孩坐上去也没问题。在亚马孙流域生长着一种巨型睡莲,这种睡莲能长出 40 片巨型叶子。这些叶子漂在风平浪静的水面上,每片叶子的宽度可达 2.5 米,哪怕在上面放重达 45 千克的东西,也不会沉入水中。

海藻是植物吗?

海藻是生长在海中的藻类,是植物界的隐花植物,但它也能像植物一样,通过光合作用制造有机物来养活自己。但海藻又跟普通植物不同,海藻没有根,也没有输送营养和水分的导管,这是因为海藻的每个部位都与水完全接触,所以不需要单独的导管系统输送水分。

农民为什么要给稻田灌水？

在种植水稻时，水是必不可少的。农民要先给稻田灌上一层浅浅的水，一段时间后，再把水抽干，从而杀死杂草和害虫。但好在水稻种子就算泡几天也没事儿，照样可以生长。

为什么浇水过多，植物也会死？

所有植物的生长都离不开水，但如果浇了太多水，植物也会死亡。这是因为植物的根系需要呼吸。如果被水淹得太久，根部就会缺氧发黑，甚至腐烂。一般室内植物被水"淹死"的可能性要大于缺水"渴死"。

误食蓖麻种子会中毒吗？

蓖麻种子含有蓖麻毒素，这种毒素经过充分受热后会被破坏，所以中毒者多因生食了蓖麻种子。中毒后会出现头痛、呕吐、腹痛甚至神志模糊等症状，如果不小心误食蓖麻种子，一定要及时就医。

蘑菇是植物吗？

可能很多人都以为，蘑菇长在地上，人们又把蘑菇当成蔬菜吃，所以蘑菇是植物。这种说法对吗？当然不对！蘑菇不具备植物最重要的特征之———通过光合作用制造有机物来养活自己。相反，很多蘑菇从枯萎的植物身上获取养分，所以我们经常能在一些枯木和树桩上发现蘑菇。

绝妙的身体

"笑骨"指的是什么？

"笑骨"指的是肘的尺骨端（肘端神经的敏感部位），如果撞到肘关节，很容易撞疼尺神经。大多数神经都被骨骼或肌肉保护着，但肘关节的尺神经是我们身体中最大的未受保护的神经。据说，肘关节之所以叫"笑骨"，是因为位于肘部和肩膀之间的上臂骨——肱骨，其英文名叫 humerus，和 humorous（意为搞笑、幽默的）的发音一样。

随着年龄的增长，骨头数量会增加吗？

不会，随着年龄的增长，骨头数量反而会减少。婴儿刚出生时有 300 多块骨头，而成年人只有 206 块骨头。因为随着年龄的增长，很多骨头会连在一起，变得更大、更强壮。骨头主要有三种类型：扁骨、短骨和长骨。

为什么照X光时，骨骼比其他部位看起来更清楚呢？

　　X射线虽然不可见，但却能够穿透人体并在感光板上留下显示人体内部情况的图像。X射线很容易就能穿过皮肤和肌肉这类软组织，但却很难完全穿过骨头这类密度更高的物质。X光穿过人体时，就像是在雾中打开一盏灯，灯光可以径直从雾中穿过。

人体内最大的骨头是什么？

　　股骨又被称为大腿骨，是人体内最大、最强壮的骨头。股骨位于大腿上部，连接着骨盆和膝盖。它必须又粗又壮，才能支撑整个身体，使人体能大幅度地运动。成年人股骨的长度几乎是镫骨长度的 200 倍。镫骨是人体内最小的骨头，位于耳朵里。

身体如何知道何时该停止生长呢？

我们身体里的基因知道何时该停止生长。孩子们每根骨头的末端都有"生长板"。这些"生长板"由软骨细胞组成，它们可以产生软骨并沿着骨头分布。当孩子结束发育期后，基因会发出信号，这些软骨随后钙化并转化为硬骨。这样一来，骨头就不会再变长了。

人类去世以后，指甲还会继续长吗？

实际上并不会。"人类去世以后，指甲和头发还会继续长"是一种错觉。当我们还活着的时候，身体中含有大量水分。然而，当生命停止后，人体会脱水，皮肤会萎缩。这样一来，指甲和头发就会显得更加突出，看上去仿佛还在继续生长一样。

为什么小男孩不会长胡子呢？

我们的身体里有一种叫作激素的化学物质，激素能传递信号。其中有一种叫作雄激素，它能让男性脸上长出胡须。当男孩进入青春期后，体内开始产生雄激素，这种激素会带来一系列变化，比如声音变得更低沉，长出更多肌肉等。女性和小男孩体内的雄激素微乎其微。

为什么人们现在的寿命比过去更长？

古罗马人的平均寿命只有 28 岁。如今，全球人均预期寿命已延长到 80 岁左右。寿命之所以变得这么长，是因为今天的人们有了更充足的食物，以及更好的药物来治疗疾病。而且，人们越来越重视卫生，这能有效防止细菌传播。

为什么给自己挠痒痒不会笑？

科学家认为，人在被挠痒痒时之所以会笑，是因为大脑意识到了危险，产生的一种应激反应。被挠痒痒时的感觉就像是有小昆虫在身上爬来爬去，会让人不由自主地想要扭动身子或大声尖叫，因为大脑不知道接下来会发生什么。可是，当我们给自己挠痒痒时，已经有了心理预期，大脑知道这是安全的，不会发出预警，所以就不会笑了。

为什么胡椒会让人打喷嚏？

鼻子是空气流通的通道。通常来说，为了防止其他物质进入人体，鼻子有三个妙招——鼻腔里的鼻毛、鼻黏膜分泌的黏液和打喷嚏。这些方法要么能粘住"入侵者"，要么能把"入侵者"赶出去。灰尘这类小物体会刺激鼻子里的神经，让人打喷嚏。胡椒中有一种被称为胡椒碱的化学物质，对鼻腔的刺激很大，所以鼻子闻到胡椒就会非常想打喷嚏。

为什么感冒时吃东西会感觉没滋没味？

很多人认为我们吃东西时只有味觉在发挥作用，但实际上，大脑需要嗅觉和味觉同时工作才能做出正确的判断。当我们感冒时，嗅觉失灵，大脑只能接受到味觉传递的信息，吃东西时就会感觉没滋没味的。

为什么自己的录音，听上去怪怪的？

因为我们平时听到的自己的声音，是由两部分构成的——一部分通过空气传播到中耳内的听小骨，另一部分则通过头部的骨头震动传播。然而，录音时只能记录下通过空气传播的声音。所以才会觉得录音的声音不像自己的声音，听上去怪怪的。

运动员的奔跑速度有极限吗？

如今的优秀运动员要比 30 年甚至 100 年前的运动员跑得快多了。这主要是因为现在的食物更丰富有营养了，训练也更专业有效了。不过，即便是最优秀的运动员，奔跑的速度也有极限。为了弄清楚运动员跑步时腿部和脚部到底发生了哪些变化，我们仍需要进行大量研究。

为什么往上爬很费劲？

答案很简单，因为重力。在重力的作用下，所有物体都会受到向下的拉力。当我们在平地行走或骑车下坡时，重力能起到推动作用，因为力的方向一致。然而，往上爬则意味着运动方向与重力的方向相反，会受到阻碍，所以会很费劲。

一天内我们的体重会发生变化吗?

对大多数人来说,早上起床后的体重是一天中最轻的。这主要是因为夜里睡觉时通过呼吸和出汗,流失了部分水分,且早上醒来后通常需要小便,这意味着体内的水分还会继续减少,所以体重会变轻一些。而在白天,通过饮水和进食,体内水分增多,体重又会增加回去。

为什么有些人喜欢计算卡路里?

形体变化跟热量有关。人们用卡路里来计算食物的热量。吃东西会摄入热量,运动和新陈代谢又会消耗热量。因此,通过计算摄入体内的卡路里,就可以确保自己吃得刚刚好,不至于摄入过多热量。

为什么有些人是左撇子？

一个人到底是左撇子还是右撇子，这在一定程度上是由基因决定的。不过，这也跟人类漫长的进化史息息相关。科学家认为，使用右手帮助早期人类掌握了很多包括书写在内的技能。但左撇子也具备某些独特的优势，比如狩猎能力更强等。

世界上哪个地方的人长得最高？

生活在东非尼罗河沿岸的丁卡族，他们应该是世界上长得最高的人群。当地男性普遍都有 2 米高，女性平均身高也超过了 1.8 米。

我们能遗传父母的外语能力或数学才能吗？

没有人天生就具备外语能力或数学才能。不过，孩子能遗传父母的学习能力，从而更容易地掌握这些技能。体育运动也如此，没有人天生就是足球运动员或网球明星，但人们发现，运动员的后代更容易在运动项目中取得成就。

什么是试管婴儿？

精子和卵子结合后，在母亲体内发育成胎儿。这个过程需要输卵管发挥作用，但如果输卵管出现问题，精子就无法跟卵子结合。于是，科学家们便将精子和卵子取出，在实验室中使它们结合。然后，再把胚胎移植到母亲的子宫内，进行正常发育。

大脑中也有脂肪吗？

大脑是人体的核心器官。英国阿斯顿大学研究称，大脑组织有约 60% 是脂肪，其余大部分是蛋白质。这也就是说，大脑是我们身体中拥有最多"油"的器官。

吃鱼真的能让人变聪明吗？

我们经常听到吃鱼会让人变聪明这种说法，但现在，科学家们证实吃鱼的确能让人变聪明。他们通过实验发现，如果经常食用某些鱼类，比如金枪鱼和鲭（qīng）鱼，考试成绩可能会更好一些。因为这些鱼富含欧米伽 -3 脂肪酸，能使大脑的血液流动更加通畅。

如果不小心吞下了硬币会怎样?

千万小心啊! 如果你不慎吞下了硬币, 吞咽过程中, 它有可能会堵住气管, 让你呼吸困难。吞进肚子的硬币, 通常不会产生太坏的影响。因为我们身体里的消化系统富有弹性, 所以不会卡住硬币, 而且消化系统还会分泌鼻涕一样的黏液裹住那些进入身体的奇怪异物, 促使它们排出体外。最糟糕的事情莫过于, 拉完大便后你需要及时检查你的排泄物, 以确保是否真的将硬币排出体外了。

你的身体怎么知道已经吃饱了?

身体里的脂肪细胞会分泌一种叫作瘦素的物质, 并传送给大脑。瘦素会让大脑意识到, 身体已经不需要更多食物了, 应该停止进食了。有时候, 如果有太多脂肪细胞, 会产生非常多的瘦素。过多的瘦素会干扰大脑, 让大脑无法准确判断是否真的应该停止进食。也就是说, 过多的脂肪实际上会增强饥饿感。

宇航员在太空中处于失重状态，所有的东西，包括食物在内，都是飘在空中的。为了防止食物飘走，用管子往嘴里挤食物是最好的进食办法。

我们为什么要咀嚼食物？

人类跟蛇不一样，咀嚼是我们消化食物的第一步。唾液中含有一种叫作酶的特殊化学物质，能分解食物，启动消化食物的过程，从而为身体提供营养。咀嚼后的食物能让酶更好地发挥作用，而且小块食物也更容易输送到胃部。

吃进肚子里的食物会经历什么？

我们都知道，身体需要食物来提供能量和营养。但无论是固态还是液态的食物，都无法立即给身体提供营养。食物需要经过消化才能被身体吸收。人体的消化系统由消化管和消化腺两大部分组成，是人体的八大系统之一。

如果倒立的话，还能消化食物吗？

在有些讲述消化过程的动画片里，会把食物画成是通过滑槽落入胃部。但事实上，食物是被挤送到胃部的。人体内的管道系统被肌肉包围着，它们轮流把食物往前挤送。所以，无论是否倒立，你的身体都能消化食物。但倒立会改变全身的供血状态，血液向脑部、脸部积聚，消化系统血液较少，进食的食物无法得到有效的消化，容易引起消化不良，肠胃不适。

你知道吗？

我们在吃东西时，很容易顺带吸入空气，尤其是在进食速度很快的情况下。这些进入身体的空气会以打嗝或放屁的形式排出。

为什么儿童要比大人早点睡？

儿童之所以要比大人早点睡，而且睡得更久，主要有两个原因。一是让身体能好好休息，保存体能，因为长身体需要消耗很多能量。二是充足的睡眠能促进儿童大脑的发育，这是科学家通过研究得出的结论。

我们为什么会做梦？

我们都会做梦，尽管早晨醒来后我们可能不记得梦见了什么。不过，我们为什么会做梦呢？科学家对此有不同看法。有人说做梦并没有真正的目的。还有一些人则认为，做梦是因为我们的大脑在思考，试图解决那些清醒时给我们带来困扰的麻烦。

梦游是什么原因造成的？

睡眠需要经历不同的阶段。有时候，当我们正处在"深度睡眠"阶段时，会受到轻度干扰。我们似乎醒了过来，开始喃喃自语，甚至下床走路，但实际上我们仍在沉睡。梦游多出现在儿童时期，尤其是那些活泼、富有想象力的儿童。大多数人到了青少年时期就会自愈。

人被催眠时发生了什么？

人被催眠时，虽然看起来像是睡着了，但实际上并不是。在这种状态下，人的意识进入一种相对虚弱的状态，潜意识开始活跃，人的感知觉、情感、思维、意志等心理活动也会受到催眠师言行的引导。所以，有的人会尝试用催眠术来戒烟或克服对蜘蛛的恐惧。

男性的胡子能长多长呢？

每个男性几乎都会长胡子，不过成长速度因人而异。目前，已知胡子最长的人是来自挪威的汉斯·朗塞斯。当他去世时，他的胡子已经长达 5.64 米。

为什么有些人天生就是卷发？

这主要跟父母或祖父母有关。头发天生是直发还是卷发，取决于脑袋上的毛囊——毛囊若是圆形，头发就会很直；毛囊若是椭圆状或扁平状，头发就会卷曲。

为什么我们会有眉毛？

　　科学家认为，人类之所以有眉毛，是为了防止水和汗流入眼睛。想想看，如果身后有只狼正在追你，你哪里还顾得上擦眼睛上的汗呢？不过，眉毛还有另一个重要用途——向他人表达你的情绪，比如快乐、悲伤、愤怒或惊讶等。

为什么有些人会秃顶，有些人却不会？

　　这主要取决于基因，跟父母的遗传因素密切相关。导致秃顶的基因会破坏生成头发的细胞，而饮食不良、熬夜和焦虑，以及某些疾病也会导致秃顶。

为什么生病的时候常常会发烧？

当身体感染病毒时，体温会升高，这种现象就是发烧。因为一旦身体感染了病毒，就会产生一种叫作致热原的化学物质。血液把致热原运输到大脑，大脑发送指令，提高体温，从而杀死病毒。

为什么在寒冷天气里会流鼻涕？

吸入肺部的空气，都得经过鼻子的"检验"。鼻子会产生黏液，粘住灰尘和其他杂质。在寒冷的天气里，为了使吸入的空气变得温暖，鼻孔里的毛细血管会扩大。但增多的血液也会促使鼻子产生更多黏液，所以会流鼻涕。

为什么有些人会晕船？

大脑通过接收来自身体其他部位的信号，来判断身体是否处于运动状态。位于人体内耳的平衡器官——前庭器官是维持人体平衡感的重要器官，它可以感受到身体的变化，随时调整身体姿势，达到平衡。在波涛汹涌的海面上，前庭器官会告诉大脑身体正在起起落落，但眼睛看到船上的桌子和墙壁并没有移动。于是，大脑会因这些矛盾的信息变得混乱，产生晕船感。

黑死病是什么？

如今，黑死病又被称为鼠疫。在 1348 年至 1350 年间，这种病席卷了亚洲和欧洲，夺走了数百万人的生命。黑死病是由跳蚤传播的，一旦感染上这种病，患者皮肤上会出现可怕的水泡，还有很多黑斑。现代医学能及时治疗黑死病，降低死亡率，但中世纪的人一旦得了这种病，通常只有死路一条。

人为什么会有肚脐？

在出生之前，胎儿在母亲体内发育。在长达9个月的孕期中，胎儿通过脐带从母亲体内获取必需的营养和氧气。当胎儿出生后，能用自己的嘴巴进食，用鼻子呼吸，就不再需要脐带了。于是，医生会给脐带打个结，然后把它剪掉，脐带脱落后就变成了肚脐。

有毒的东西都很难吃吗？

那可一不定，有些有毒的东西味道反而挺不错。比如，很多毒蘑菇的味道就很鲜美，但吃之前，你很难辨别它是否有毒，除非出现中毒症状。不过，有些闻起来或吃起来味道不怎么样的东西，反倒对身体很有好处。总之，你得对吃进肚子里的东西相当有把握才行。